U0177629

大豆和调味品的秘密

蓝灯童画　著绘

读者出版传媒股份有限公司
甘肃科学技术出版社

大豆，通称黄豆，起源于中国。

大豆在古时候叫菽（shū）。《诗经·小雅·采菽》里有这样的诗句：采菽采菽，筐之筥（jǔ）之。

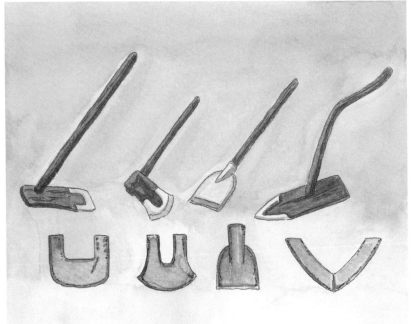

秦朝时，由于铁器和牛耕的普及，大豆的种植面积开始扩大。

大豆在中国已经有 5000 多年的栽培史了。

朝鲜

日本

印度

越南

因为世界各地的大豆都是从中国直接或间接传过去的，所以许多国家的语言中"大豆"这个词，还保留着"菽"字的发音。

　　大豆在 1000 多年前传入今朝鲜、日本等亚洲邻国，18 世纪引种到欧洲，19 世纪美国开始试种。

种子 { 种皮
        胚 { 胚芽
            胚轴
            胚根
            子叶 }

小小的大豆里蕴含着生命的奇迹。

萌芽出苗　　幼苗生长　　分枝开花

结荚　　鼓粒　　成熟

大豆喜欢温暖的生长环境。

西方大航海时代，船员由于很久吃不到蔬菜，不能及时补充维生素C，很容易得坏血病。

维生素C

你知道吗？郑和下西洋时，船队储备了大量豆类，在船上用木桶和水发豆芽吃。豆芽富含维生素C，使船员们避免了坏血病。

大豆的营养成分

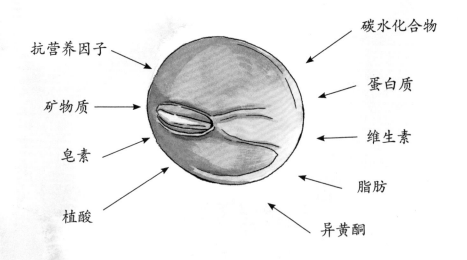

抗营养因子

矿物质

皂素

植酸

碳水化合物

蛋白质

维生素

脂肪

异黄酮

豆芽

豆腐皮

大豆的化学成分（每100克中的含量）

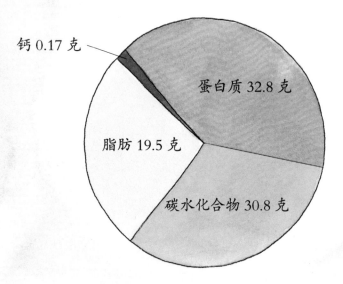

钙 0.17 克

蛋白质 32.8 克

脂肪 19.5 克

碳水化合物 30.8 克

发酵类豆制品：

豆豉（chǐ）

其实，大豆本身就是一种营养非常全面的食物。

它的蛋白质含量尤其丰富，所以人们也叫它"植物肉"。

豆腐

豆腐干

豆腐脑

豆浆

大豆油

腐乳

酱油

豆酱

中国是最早制作大豆食品的国家。

中国传统豆制品多种多样。

中国传统的豆腐制作流程

④ 煮浆

② 磨浆

⑥ 成型

① 泡豆

③ 滤渣

⑤ 点卤

麻婆豆腐是一道享誉世界的中国名菜。

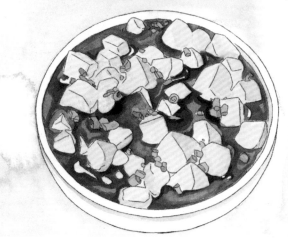

　　豆腐是中国的传统食品，营养美味，历史悠久。随着中外文化交流的推进与深入，豆腐如今已经走向全球，为世界人民所喜爱。

鉴真东渡将中国制
酱技术传入日本。

　　酱油也起源于中国，是一种以大豆为主要原料，经过微生物发酵制成的调
味品。

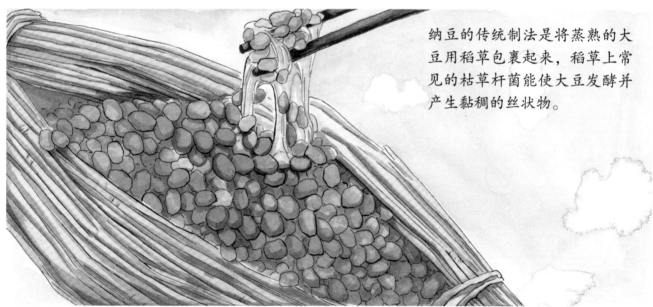

纳豆的传统制法是将蒸熟的大豆用稻草包裹起来，稻草上常见的枯草杆菌能使大豆发酵并产生黏稠的丝状物。

　　纳豆是一种历史悠久的发酵豆制品，深受日本民众的喜爱。其实它的起源地也是中国——早在秦汉时期，人们就开始制作纳豆了。

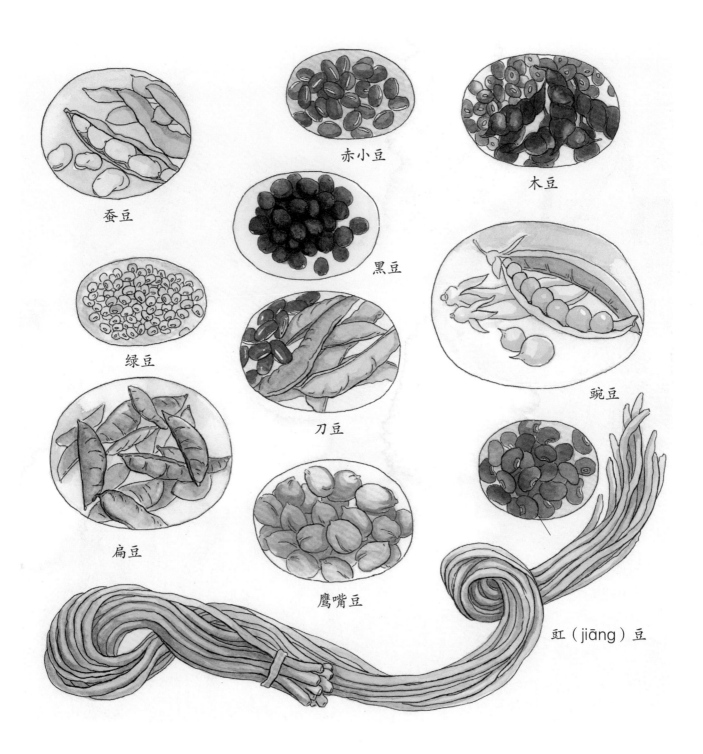

蚕豆

赤小豆

木豆

黑豆

绿豆

刀豆

豌豆

扁豆

鹰嘴豆

豇（jiāng）豆

豆类家族的成员可多啦，除了大豆，你还知道哪些豆类？
你能准确叫出它们的名字吗？

绿豆豆荚

绿豆在中国已经有 2000 多年的栽培史。

不过，在古代很长一段时间里，人们种植绿豆主要不是食用，而是用作肥料。

唐朝"药王"孙思邈认为绿豆有清热解毒、消暑、利尿的功效。

而后，人们才在生活实践中发现绿豆的药用价值。

绿豆粥

绿豆汤

绿豆沙冰

绿豆棒冰

绿豆糕

　　绿豆被人们制作成各种消暑美食，成为夏日必备的食材。这些绿豆美食你吃过吗？

北京风味早餐

豆汁儿是用绿豆做原料，经过烫豆、磨豆、淀粉分离和发酵等一系列工序制作而成的饮料，有养胃、解毒、清火的功效，深受老北京人的喜爱。

老北京有一种独特的绿豆制品——豆汁儿。

赤小豆原产于亚洲热带地区，中国是世界上赤小豆产量最大的国家。

　　赤小豆，又名红小豆、赤豆、朱豆。在中华饮食文化中，赤小豆和绿豆一样，也具有药用价值。

红豆

相思豆

相思

[唐]王维

红豆生南国，

春来发几枝？

愿君多采撷，

此物最相思。

　　王维诗里的红豆并不是赤小豆，而叫相思子、相思豆，这是一种有毒的植物，种子毒性尤其大，不可食用。

红豆粽子

红豆奶茶

红豆年糕汤

红豆沙冰

豆沙包

赤小豆还是甜点界的宠儿，这些美味的食物你吃过吗？

黑豆饭是巴西的传统美食，除主料黑豆外，配料也十分丰富，通常包括猪蹄、猪耳朵、猪尾巴、腊肠和腌肉等，香味浓郁，美味可口，是巴西独具特色的代表菜品。

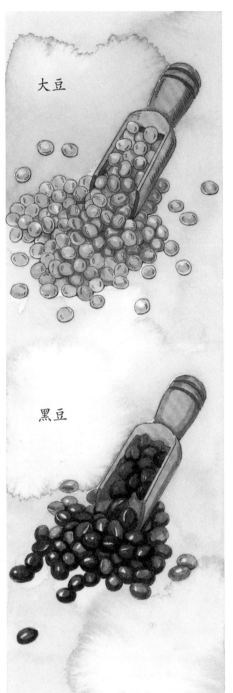

大豆

黑豆

黑豆又叫黑大豆、乌豆，表面呈黑红色，有光泽，营养丰富，它的蛋白质和钙含量比大豆还高。

炒豌豆尖　　　　　　　烧豌豆　　　　　　　豌豆黄

豌豆的生长过程

豌豆，原产于地中海和中亚细亚地区，是世界上重要的栽培作物之一。

你知道吗？豌豆与遗传学的诞生还有一段渊源呢！

遗传学的重要奠基人之一——孟德尔，通过豌豆的杂交实验发现了遗传的基本规律。

蚝油

鸡精

花椒

老抽

鱼露

胡椒粉

白糖

白醋

苹果醋

辣椒粉

十三香

蜂蜜

生抽

厨房是个"魔法屋"，妈妈是"魔法师"——新鲜的食材从厨房里出来，就变成了超级美味的菜肴！妈妈说，橱柜里那些神奇的调料，就是她的"魔法道具"。我们一起来探索调料的秘密吧！

早在 5000 年前的炎黄时代，中国人就发现了盐。相传发现者是东海部落的一位首领——夙沙氏，后人尊称他为"盐宗"。

夙沙氏发现海水退潮后，晒干的沙滩上有一种白色的小颗粒，他把这些白色小颗粒收集起来，混在食物里吃，食物变得更加美味，他的身体也强壮了很多。

纳潮：将海水引入盐田。

制卤：盐田中的海水经过日照、蒸发，变成高浓度的卤水。

古人也曾用蒸煮卤水法制海盐。

结晶：卤水达到一定浓度时就会析出晶体，得到粗盐。

收盐：利用人工或机械将粗盐收起堆坨，而后经过再次溶解、沉淀、过滤、蒸发等工序制成精盐。

海盐的生产，通常采用"日晒法"，要经过纳潮、制卤、结晶、收盐四大工序。

湖盐：利用盐湖制成的盐。生产工艺与海盐基本相同，大多用晒制的方法。

井盐：通过打井的方式抽取地下卤水（天然形成或盐矿注水后生成）制成的盐。

岩盐：利用含盐岩层制成的盐。古代岩盐的加工方式是将岩盐采出，粉碎、溶解，提取盐分。

除了海盐，还有湖盐、岩盐、井盐，每一种盐都有不同的生产工艺。

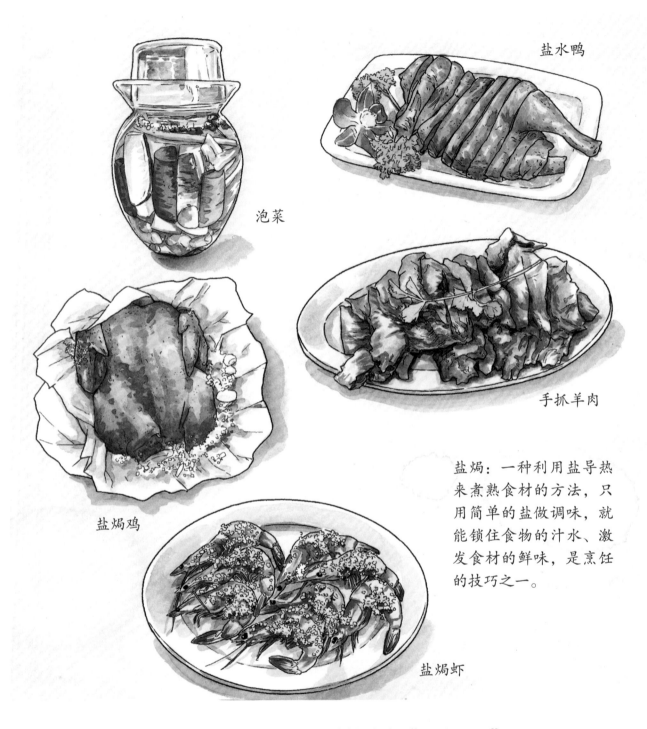

盐水鸭

泡菜

手抓羊肉

盐焗鸡

盐焗：一种利用盐导热来煮熟食材的方法，只用简单的盐做调味，就能锁住食物的汁水、激发食材的鲜味，是烹饪的技巧之一。

盐焗虾

咸味是烹饪中最重要的味道，因此盐被称为"百味之王"。
许多美味都离不开盐。

盐能够清洁牙齿。

新买的衣服放在盐水里泡一泡，可以减少褪色。

盐可以清洁茶杯里的茶垢。

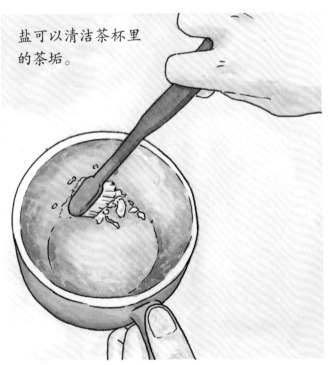

花瓶里放一点盐，可以延长植物的花期。

除了能在烹饪中发挥神奇的调味作用，在生活中盐还有许多其他妙用呢！

酱油是传统的调味品。

老抽颜色深，能提鲜，常用于食物上色。

红烧肉用老抽上色。

老抽

生抽

凉拌菜常用生抽调味。

生抽颜色浅，常用于调味。

咸味的调味品除了盐，常见的还有酱油。

酱油以大豆为主要原材料酿造而成，主要有生抽和老抽两种。

鲜美咸香的酱油是广东菜的灵魂。

肠粉

酱油鸡

酱油饭

酱油菜心

酱油不仅让食物咸香可口、鲜味独特，还能增加色泽，让人胃口大开！

在人工制糖之前，蜂蜜是人类最早使用的天然甜味剂。

蜂蜜

饴糖又叫麦芽糖，是世界上最早的由人工制成的糖。早在西周时期，中国的先民在酿酒过程中，就掌握了用稻米、黍米、高粱等粮食为原料制作饴糖的工艺。

饴糖

饴糖制作流程：

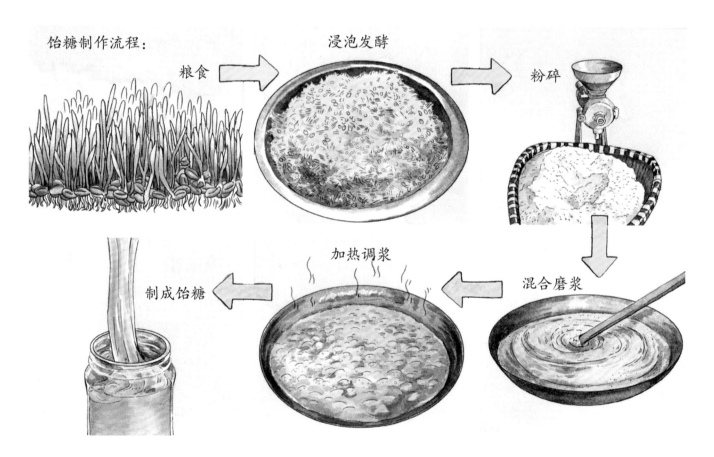

粮食　→　浸泡发酵　→　粉碎

制成饴糖　←　加热调浆　←　混合磨浆

中国是世界上最早掌握人工制糖技术的国家。

土锅熬制

甘蔗榨汁

收割甘蔗

提纯

制作成型

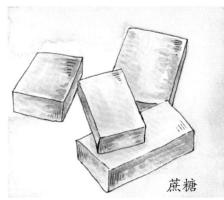

蔗糖

赤砂糖和白砂糖都属于蔗糖。赤砂糖未经高温提纯与脱色，保留了更多的营养成分；白砂糖甜味更纯，更适合烹饪调味使用。

赤砂糖

白砂糖

中国的蔗糖生产，可追溯到战国时期。唐代人们就掌握了蔗糖提纯和脱色工艺，能生产出更高品质的白砂糖了。

甜菜原产于欧洲，是一种较耐寒的植物，它是另一个人工制糖的主要原料来源。

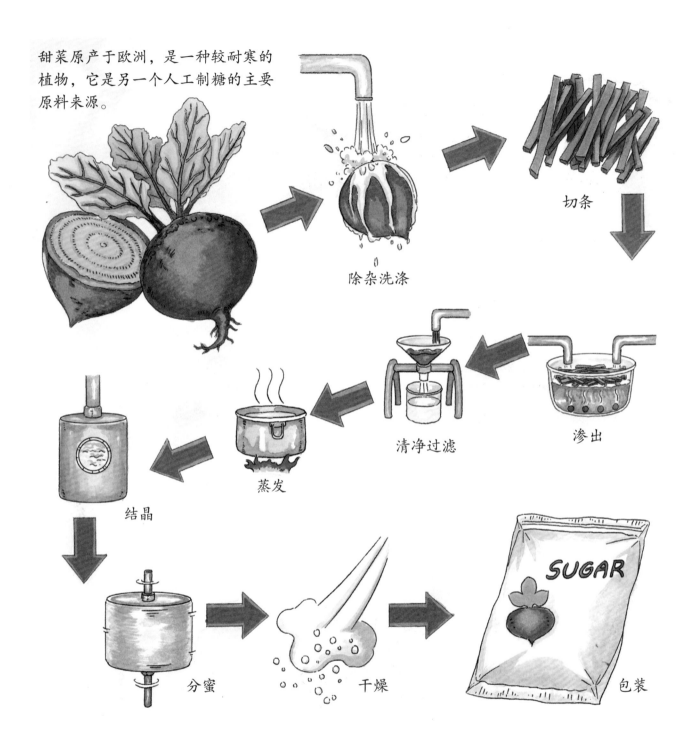

除杂洗涤

切条

渗出

清净过滤

蒸发

结晶

分蜜

干燥

SUGAR

包装

　　甘蔗是生长在热带、亚热带地区的植物，寒冷地区一直没找到适合制糖的植物。但在 18 世纪末期，甜菜被发现了。

拔丝是将糖熬成能拔出丝来的糖液，然后包裹在油炸的食物上。

拔丝山药

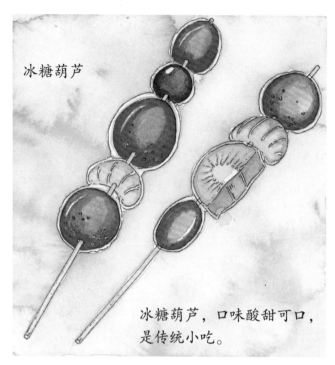
冰糖葫芦

冰糖葫芦，口味酸甜可口，是传统小吃。

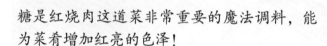
地瓜球外酥内软，是道美味的甜食。

地瓜球

糖是红烧肉这道菜非常重要的魔法调料，能为菜肴增加红亮的色泽！

红烧肉

糖是让食材变得甜美可口的"魔法道具"，也能与其他调料配合，制造出独特的美味！

糯米蒸饭

发酵

制醋醅（pēi）

煎醋杀菌

淋醋

后期陈酿

酸酸甜甜的菜肴是小朋友的最爱！你知道菜里的酸味是怎么来的吗？
是醋！醋是用粮食发酵的酸味调味品，也是传统调味品之一。

陈醋：以高粱为主要原料，经陈酿而成，酸味浓郁，可用来吃饺子、拌面、炒菜。

白醋：多为酿造醋添加冰醋酸制成的配制醋，口味单薄，可以用于凉拌菜、沙拉。

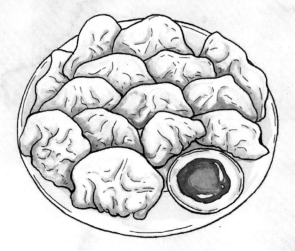

米醋：有白米醋和红米醋两种，以大米为主要原料发酵酿成，除了酸味，还略带甜味。米醋适用于大部分菜肴。

醋也有很多种类，常见的有：陈醋、白醋、米醋等。

不同种类的醋，在烹调中有不同的作用。

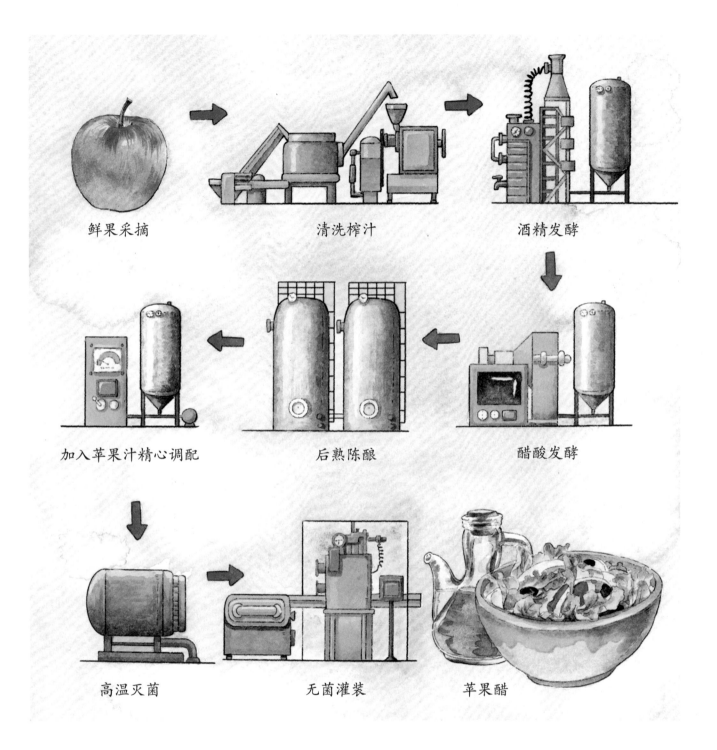

鲜果采摘　　　清洗榨汁　　　酒精发酵

加入苹果汁精心调配　　　后熟陈酿　　　醋酸发酵

高温灭菌　　　无菌灌装　　　苹果醋

东方国家以粮食、谷物酿造醋，西方国家用水果酿造果醋。

醋能杀菌抑菌，凉拌菜中放点醋更健康。

醋能去腥解腻，还能让肉变得软嫩。

醋能增进食欲，帮助消化。

　　醋是厨房烹饪中重要的调味品之一，它不仅能让食物变得可口，还有很多其他的功效呢！

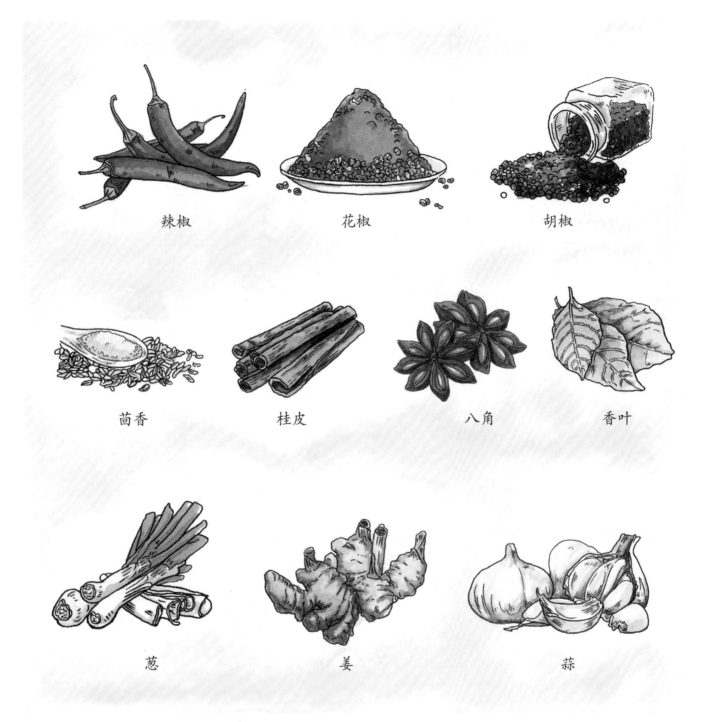

辣椒　　　　　花椒　　　　　胡椒

茴香　　　桂皮　　　八角　　　香叶

葱　　　　　姜　　　　　蒜

你喜欢吃辣吗？什么让食物吃起来这么"刺激"？

清朝，辣椒才摆上百姓的餐桌。

四川名菜水煮肉片

湖南名菜剁椒鱼头

贵州名菜辣子鸡

给食物带来刺激辣味的通常是辣椒。

辣味食物广受欢迎，在中国四川、湖南、贵州等地区，人们简直无辣不欢。

干辣椒

辣椒面

辣椒酱

熟油辣子

泡椒

喜欢吃辣的家庭里，总能找到辣椒做成的各种各样的调味品。

不同形态的辣味调料，能在烹饪中调制出不同的风味。小小的辣椒，万千
变化。

中国人使用花椒的历史长达三千多年，但花椒最初并不是用作调味品，而是用作香料与祭品。

花椒

麻辣火锅

火锅底料的灵魂，除了辣椒，当然就是能带来酥麻口感的花椒啦！

姜是世界上最古老的香料之一。中国自古栽培生姜，春秋时期它就已经是餐桌上的常客啦！

姜

姜母鸭

姜母鸭起源于福建泉州，姜是这道菜最重要的调味品。

花椒和姜都是中国原产的辛辣调料，历史可比辣椒悠久多啦！

胡椒与胡辣汤

蒜与蒜泥白肉

大葱与大葱烧海参

茴香与茴香炒蛋

西汉张骞出使西域时，带回了许多香辛料，包括胡椒、蒜、大葱、茴香等。
这些调味品极大地丰富了中国人的餐桌。

常见的提鲜调料有:
味精、鸡精、蚝油等。

　　除了使用咸、甜、酸、辣等调味品,烹饪时,还会经常给食物提鲜——鲜味也是很重要的一种味道呢!

　　小调料有大魔法,让食材变美味的秘密你了解了吗?

奇特的茎叶

美丽的花草

植物的馈赠

不一样的植物

史前动物与身边动物

沙漠动物与水中动物

极地动物与热带动物

地上和地下的动物王国

汽车飞机跑得快

轮船列车肚量大

工程机械好帮手

让一让城市作业车

花样主食和糕点

蔬菜水果要多吃

肉类水产营养多

大豆和调味品的秘密

海洋生物大揭秘

另类海洋生物

海底宝藏探秘

不可捉摸的海洋

奇妙的身体和衣服

身边的科学

物品哪里来

神奇电器仿生学

神奇的地球

善变的地球

地球和恒星

从银河系到宇宙

图书在版编目（CIP）数据

大豆和调味品的秘密 / 蓝灯童画著绘 . -- 兰州：
甘肃科学技术出版社 , 2020.12
ISBN 978-7-5424-2788-5

Ⅰ . ①大… Ⅱ . ①蓝… Ⅲ . ①豆制品加工 – 儿童读物
②调味品 – 儿童读物 Ⅳ . ① TS214.2-49 ② TS264-49

中国版本图书馆 CIP 数据核字 (2020) 第 258751 号

DADOU HE TIAOWEIPIN DE MIMI

大豆和调味品的秘密

蓝灯童画　著绘

项目团队　星图说
责任编辑　宋学娟
封面设计　吕宜昌

出　　版　甘肃科学技术出版社
社　　址　兰州市城关区曹家巷1号新闻出版大厦　730030
网　　址　www.gskejipress.com
电　　话　0931-8125103（编辑部）0931-8773237（发行部）

发　　行　甘肃科学技术出版社　　　印　刷　天津博海升印刷有限公司
开　　本　889mm×1082mm　1/16　　印　张　3.5　字　数　24千
版　　次　2021年10月第1版
印　　次　2021年10月第1次印刷
书　　号　ISBN 978-7-5424-2788-5　定　价　58.00元